App 下载及使用说明

1. 扫描下方二维码，关注"艾布克星球"公众号，选择"App 下载"。

2. 首次安装或使用 App 时，如果设备提示"是否允许该软件获取摄像头权限"等各类信任权限时，请点击"允许"，以保证软件的正常使用。

3. 软件使用中请将镜头对准带有 (AR) 标识的页面，使整张页面完整呈现在扫描界面内，即可出现立体效果。

4. 本软件不宜在昏暗的环境中使用，同时也应注意防止所扫描的书面被强光照射导致反光，否则可能影响扫描效果。

5. 本软件支持安卓和苹果大部分设备，运行内存（RAM）容量不低于 2GB。若因安卓和苹果系统版本过高造成 App 暂时无法使用，请更换低版本系统的设备使用。

6. App 如果无法使用，大部分原因是没有获得相应的权限，请在系统设置中为 App 勾选相应权限；如果勾选后仍无法使用，建议更换其他类型设备尝试。

7. 在使用过程中，如您有任何问题、意见或建议，可在"艾布克星球"公众号留言，我们将及时与您联系。

上天入地的机器人艾布克，和你一起穿越时空去进行科学探险。在旅程中，你可以压缩宇宙，让八大行星在手心运转；你可以回到侏罗纪，为暴龙和三角龙的对决加油助威；你可以站上航母，控制战斗机滑跃升空；你可以飞跃火山，近距离感受岩浆喷射的灼热震撼……不一样的科学体验，让科普知识跳出平面，让你欢乐畅游科学世界。

科学专家顾问团队

（按姓氏笔画多少排列）

王红飞　中国科学院空间应用工程与技术中心研究员、载人航天工程空间应用系统主任设计师

邢立达　青年古生物学者、中国地质大学（北京）副教授、博士生导师

刘　晔　中国科学院动物研究所研究员、国家动物博物馆昆虫区策划人及负责人

刘博洋　西澳大学国际射电天文研究中心在读博士、"青年天文教师连线"公益组织创始人

李　亮　中国科学院自然科学史研究所研究员、科普作家

李湘涛　北京自然博物馆研究员

张　鹏　青少年博物馆教育推广人、"耳朵里的博物馆"创始人

郝石佩　北京市海淀区中关村第二小学科学教师、北京市骨干教师、海淀区学科带头人

黄学爵　中国人民解放军军事科学院研究员

屠　强　海岸带综合管理专业博士、中国海洋学会科普工作委员会委员、科普作家

TANSUO TAIYANGXI

探索太阳系

炫晴科技 著　　刘博洋 陈子鹏 审订

探索专家，即刻出发！

接力出版社
Publishing House

目　录

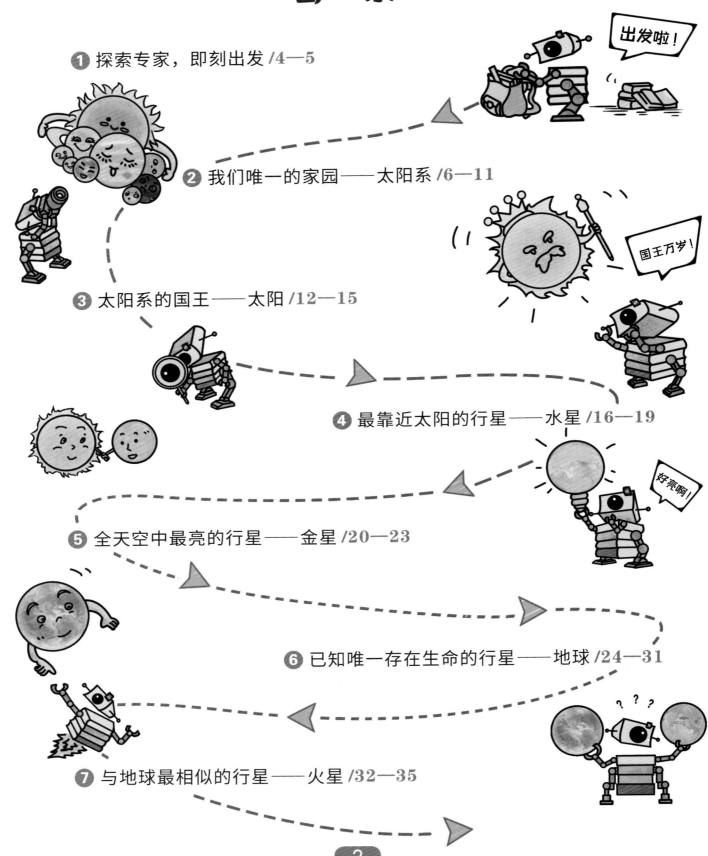

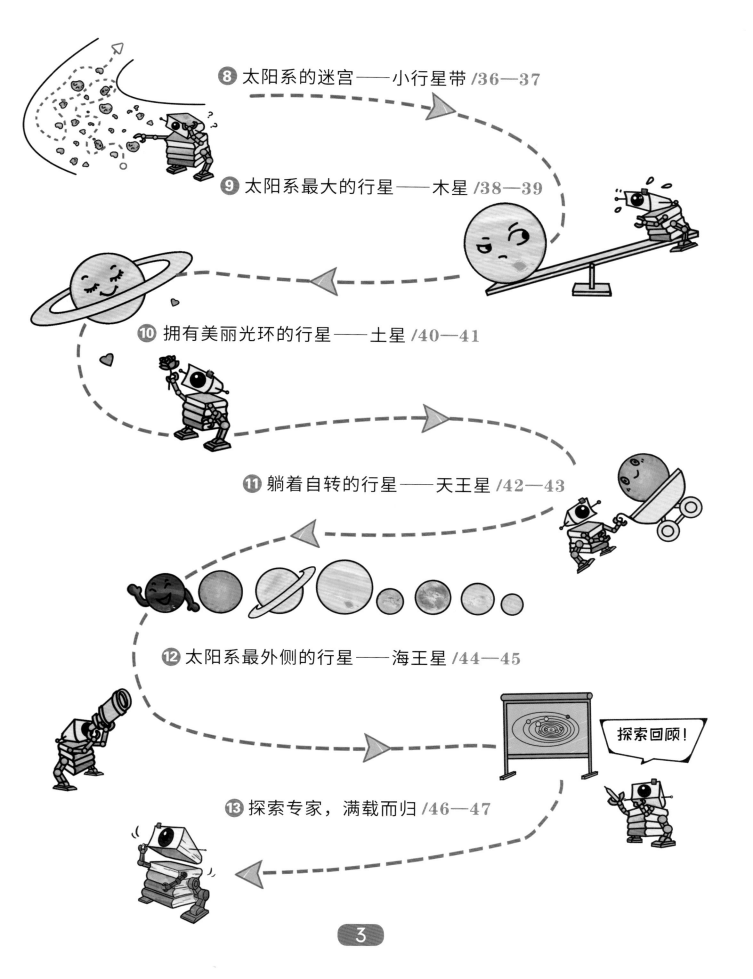

探索回顾！

① 探索专家，即刻出发

我是探索专家艾布克。我们生活的世界非常奇妙，所以我会变出各种有趣的装备去探索，然后把自己的发现记录下来。也许你看的某一本书，就是我探索的结果呢！

别看我只是一摞书，我可是会"七十二变"哟！你如果不相信，现在就拿起电子设备，扫描此页面，看我是如何"七十二变"的吧！

你现在看到的，就是我探索太阳系的过程。跟随我的脚步，你会感受到探索的乐趣，触摸到宇宙的奇迹。

好了，现在就拿起电子设备，扫描此页面，先来看看我探索太阳系的计划吧！

② 我们唯一的家园——太阳系

起源时间：大约 46 亿年前。
起源于一片原始恒星云。

太阳系的组成：太阳、行星及其卫星、矮行星、小行星、彗星、流星体和行星际物质等。

太阳系有八大行星，按距离太阳由近及远的顺序，分别是：水星、金星、地球、火星、木星、土星、天王星和海王星。

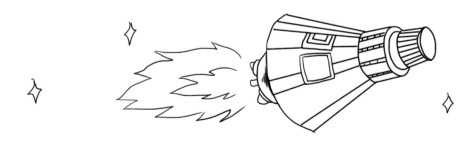

你想近距离看看它们吗？那就让我们拿起电子设备，扫描右侧页面，看看它们谁最大吧！

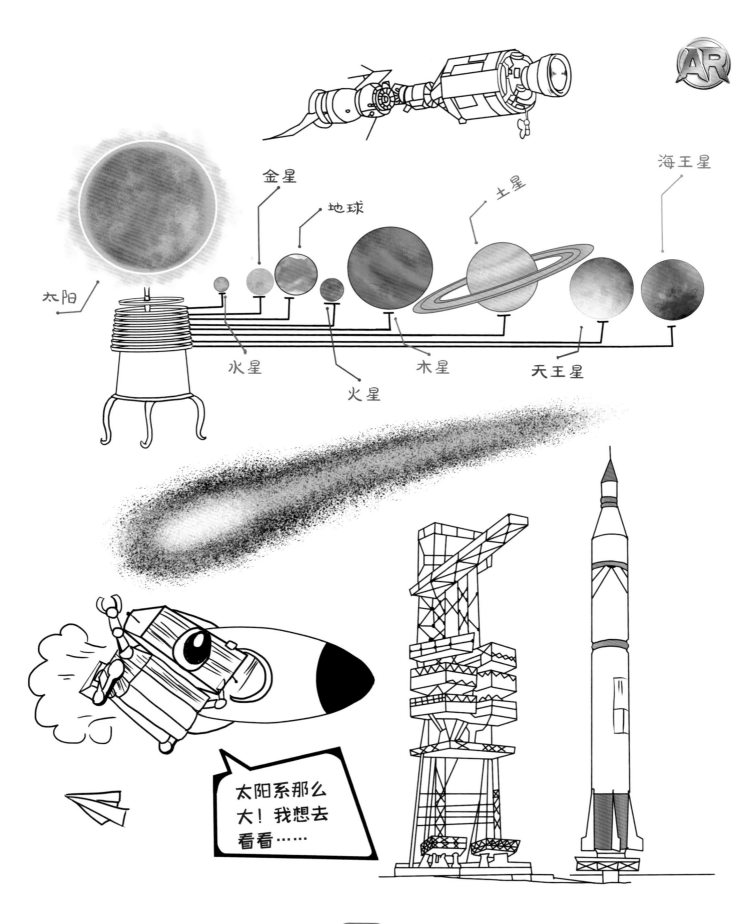

公转：一个天体围绕着另一个天体转动。

太阳系里的行星绕着太阳转动，或者各个行星的卫星绕着行星转动，都叫作公转。

公转方向：从北方上空鸟瞰，太阳系八大行星都是以逆时针方向（自西向东）公转的。

轨道：太阳系八大行星绕日公转的轨道，基本为椭圆形，而且几乎在同一个平面上，这个平面叫黄道面。

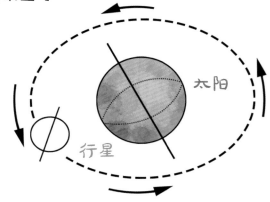

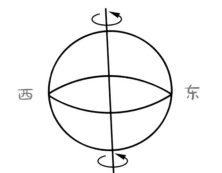

自转：天体绕自身的中心轴转动。

自转轴：天体旋转时所围绕的穿越天体的轴。

凡星系、恒星、行星和卫星等，都会绕着自己的轴心转动。

自转方向：从北方上空鸟瞰，太阳系八大行星中，大部分行星都是以逆时针方向（自西向东）自转的，唯有金星和天王星是以顺时针方向（自东向西）自转的。

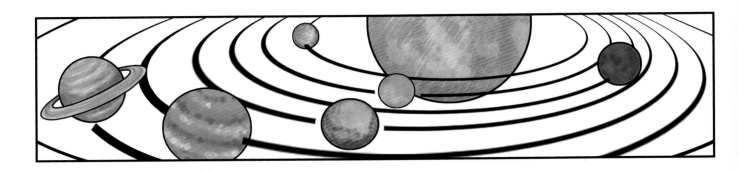

接下来拿起电子设备，扫描右侧页面，让我们立体地学习一下什么是公转和自转吧！

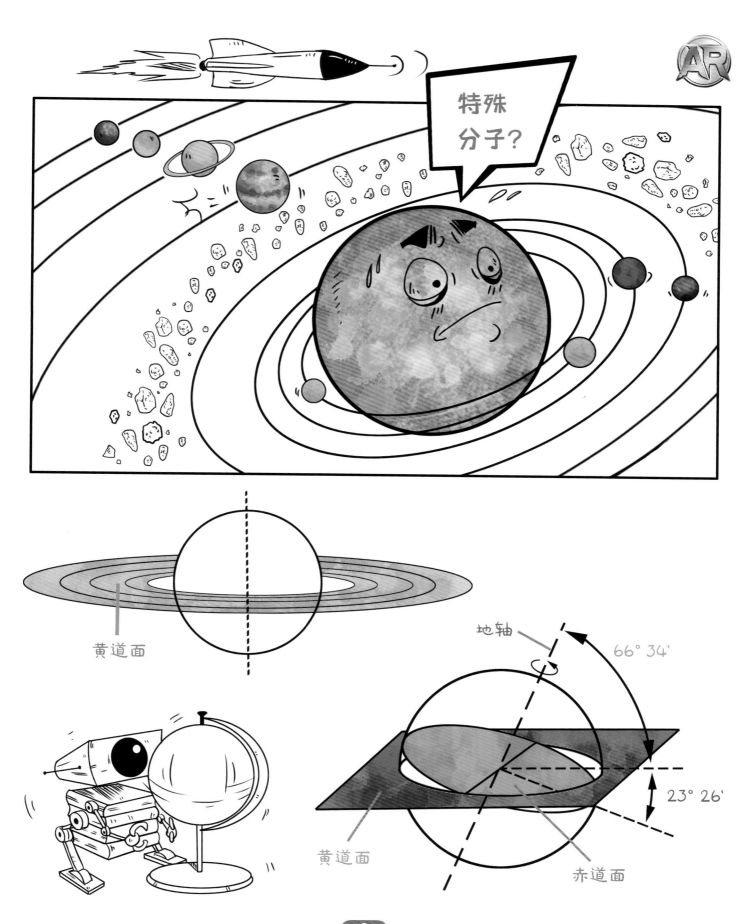

特殊分子?

黄道面

地轴

66°34'

23°26'

黄道面

赤道面

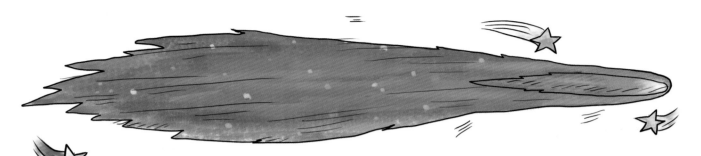

 彗星：小的冰质天体，当它进入内太阳系后，亮度和形状会随日距变化而变化，并且围绕太阳运动，呈云雾状的独特外貌。

彗尾：主要由气体和尘埃组成。由于太阳风的压力，彗尾总是指向背离太阳的方向。

彗星中的"明星"哈雷彗星——

1. 轨道周期为 75－76 年，下一次出现在 2061 年。

2. 唯一能用裸眼从地球上看见的短周期彗星，也是人的一生中唯一可能以裸眼看见两次的彗星。

3. 人类首颗有记录的周期彗星，在古代中国、古巴比伦和中世纪的欧洲，都有这颗彗星出现的清楚记录。

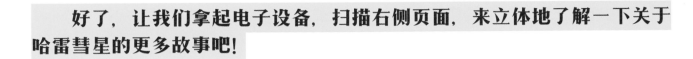

好了，让我们拿起电子设备，扫描右侧页面，来立体地了解一下关于哈雷彗星的更多故事吧！

今天我们来讲彗星的故事！很久以前，人们认为彗星是灾星，甚至以为彗星出现会导致世界末日。

其实，彗星并不是什么灾星，它是一种自然现象。英国一位天文学家名叫埃德蒙·哈雷，他用牛顿力学定律成功推算出 1682 年出现过的那颗彗星将于 1758 年再次出现，人们便将这颗彗星命名为哈雷彗星。

哈雷彗星

③ 太阳系的国王——太阳

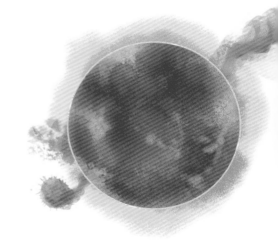

在太阳系的中心，太阳就像一个国王，太阳系所有的行星、卫星等其他天体都是它的臣民。

太阳是一颗恒星，是太阳系中唯一自身发光的天体。

太阳的年龄：约为 46 亿岁。

科学家们推算，太阳的寿命大约是 100 亿岁，目前它正处于中年期。

太阳半径：太阳以光球为界，半径约 69.6 万千米，相当于地球半径的 109 倍。

太阳的质量约占太阳系总质量的 99.86%，八大行星以及数以万计的小行星所占比例微乎其微。

公转周期：太阳绕银河系中心公转，周期为 2.25 亿－2.5 亿地球年。

自转周期：在赤道处，太阳自转一周约需 25.6 个地球日；而在两极处，则约需 33.5 个地球日。

现在让我们拿起电子设备，扫描右侧页面，来近距离地观察一下太阳系的国王——太阳吧！

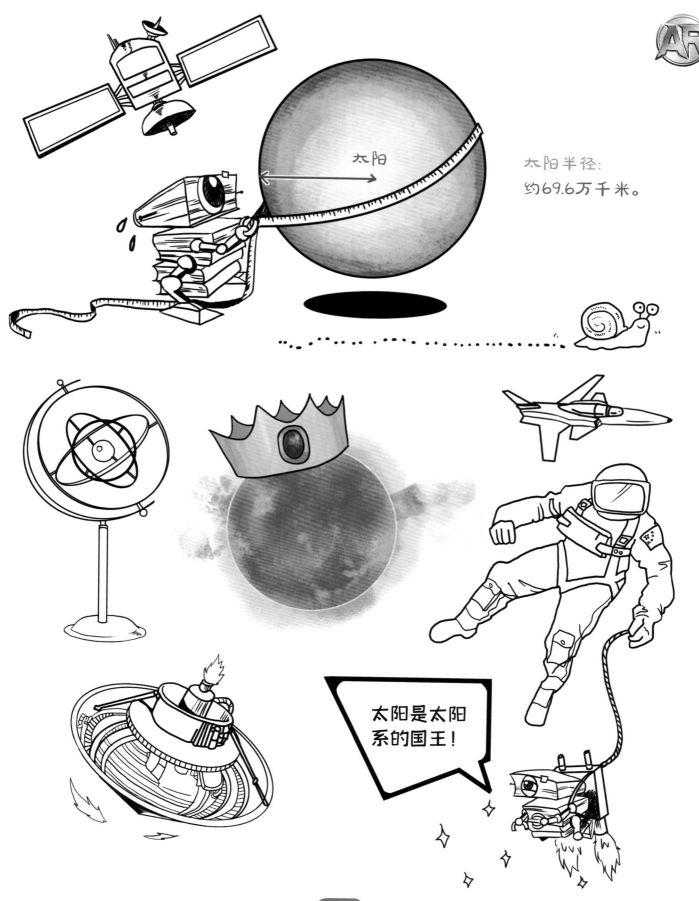

太阳

太阳半径：
约69.6万千米。

太阳是太阳系的国王！

太阳不同的活动类型出现在它不同的圈层中，活动周期大约为 11 年。

光球层的主要活动：太阳黑子。

黑子是太阳活动强弱的重要标志。

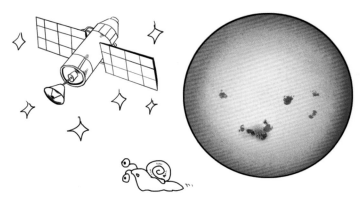

色球层的主要活动：日珥和耀斑。

耀斑是最剧烈的太阳活动。

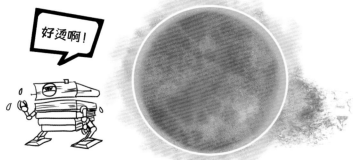

好烫啊！

日冕层的主要活动：太阳风。

如果太阳风恰好朝向地球而来，会对地球上的电力系统和通信系统造成很大的影响。

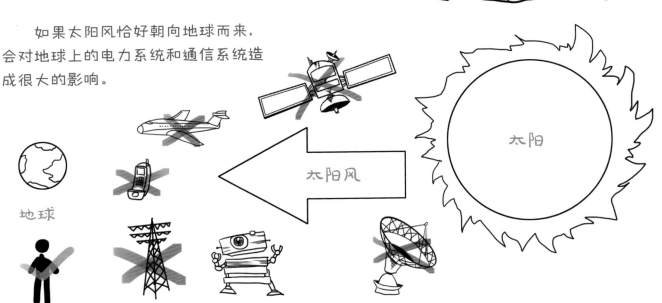

地球

太阳风

太阳

这些有意思的太阳活动，你都看明白了吗？现在拿起电子设备，扫描右侧页面，一起来观察这些美丽多姿的太阳活动吧！

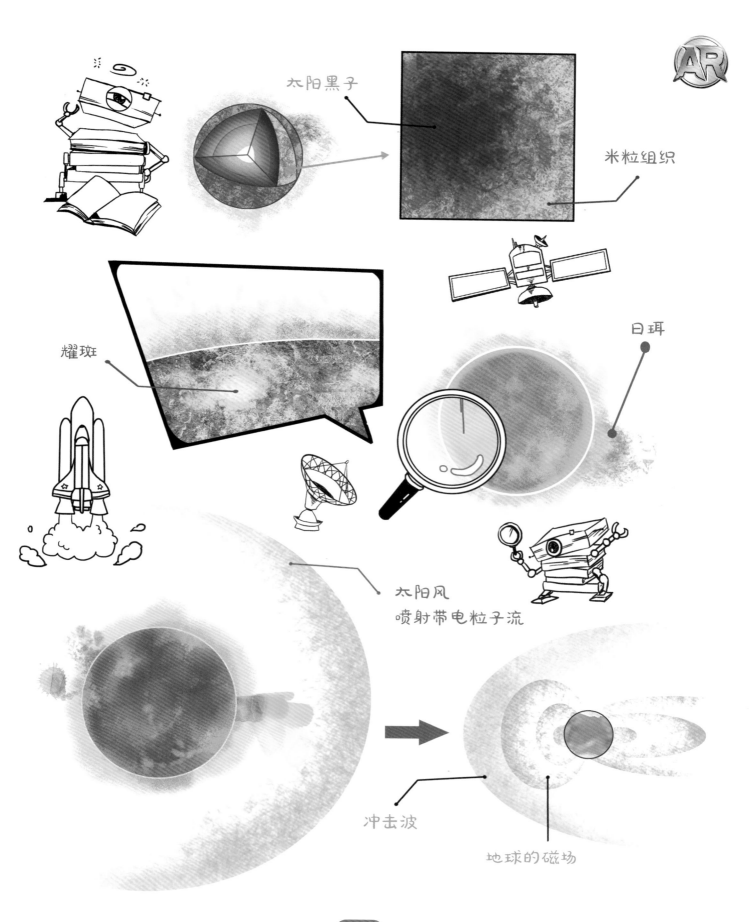

太阳黑子

米粒组织

耀斑

日珥

太阳风
喷射带电粒子流

冲击波

地球的磁场

15

④ 最靠近太阳的行星——水星

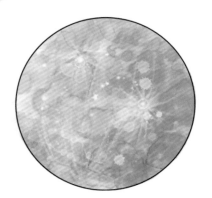

太阳系八大行星之一，按照距离太阳由近及远的顺序，排名第一。

平均日距：约 5790 万千米。

公转周期：约 88 个地球日。

太阳系中公转最快的行星。

自转周期：约 58 个地球日。

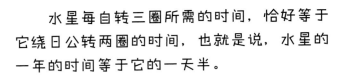

水星每自转三圈所需的时间，恰好等于它绕日公转两圈的时间，也就是说，水星的一年的时间等于它的一天半。

自转方向：自西向东，逆时针旋转。

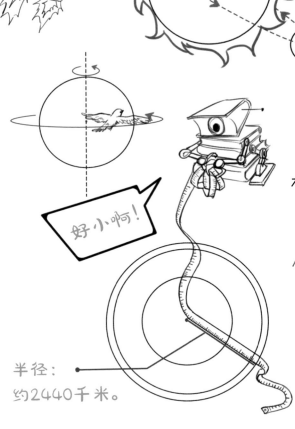

好小啊！

半径：
约2440千米。

水星半径：约 2440 千米，相当于北京到乌鲁木齐的距离。

18 个水星合并起来，才抵得上一个地球的大小，它是太阳系中体积最小的行星。

内部的地质构造：分为地壳、地幔和地核三层。

现在让我们拿起电子设备，扫描右侧页面，来立体地观察一下水星吧！

地壳

地幔

地核

好朋友。

出发喽！

太阳

水星

水星是离太阳最近的行星。

17

水星的颜色：灰色。

很大的昼夜温差：水星没有明显的大气层，昼夜温差约为 600℃。

最大的陨石坑：卡洛里斯盆地，半径约 775 千米，可以放下 50 个海南岛，周围是高约 2000 米的环形山。

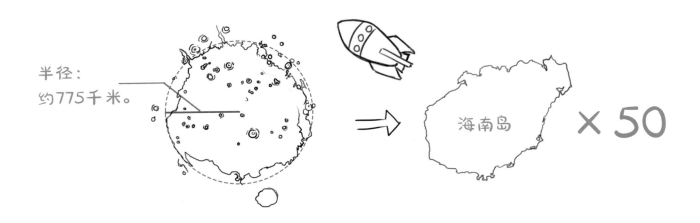

靠近过水星的人造卫星：1973 年 11 月美国发射的"水手 10 号"探测器探测了水星，并向地面发回了 5000 多张照片。2004 年 8 月 NASA（美国国家航空航天局）开展第二代水星计划，名为"信使号"的水星探测器完成了绘制高清水星地图的任务，最终于 2015 年 4 月撞向水星表面，结束了探测使命。

现在让我们拿起电子设备，扫描右侧页面，来近距离地观察一下水星吧！看看我们能不能找到卡洛里斯盆地！

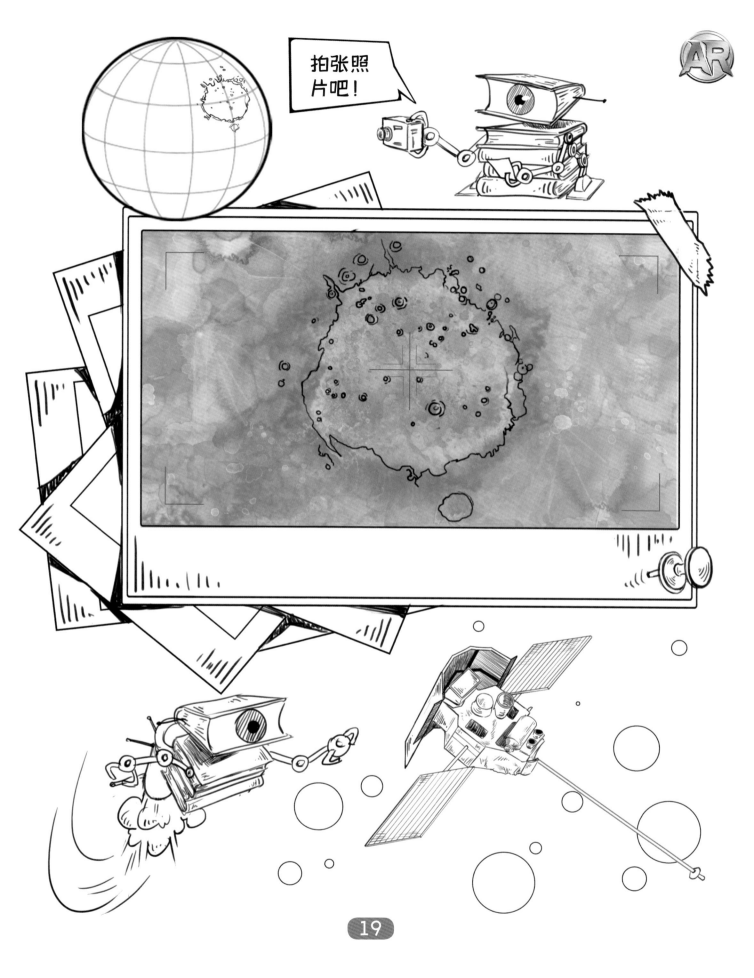

⑤ 全天空中最亮的行星 —— 金星

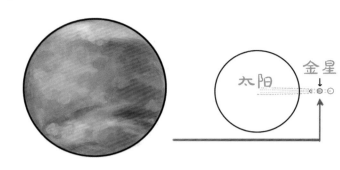

太阳系八大行星之一，按照距离太阳由近及远的顺序，排名第二。

平均日距：约 10820 万千米。

公转周期：约 225 个地球日。

自转周期：约 243 个地球日。

金星是太阳系所有行星中自转速度最慢的。

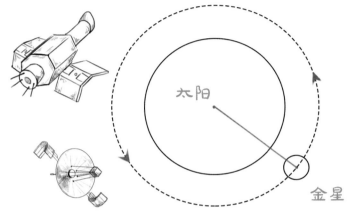

自转方向：自东向西，顺时针旋转。

在金星上看，太阳是西升东落的。

金星半径：约 6052 千米。

金星亮度：金星是全天空中最亮的行星。

布满火山的星球：金星是太阳系中拥有火山数量最多的行星。

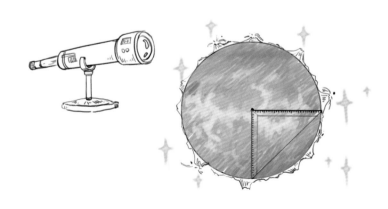

现在让我们拿起电子设备，扫描右侧页面，来立体地观察一下金星吧！

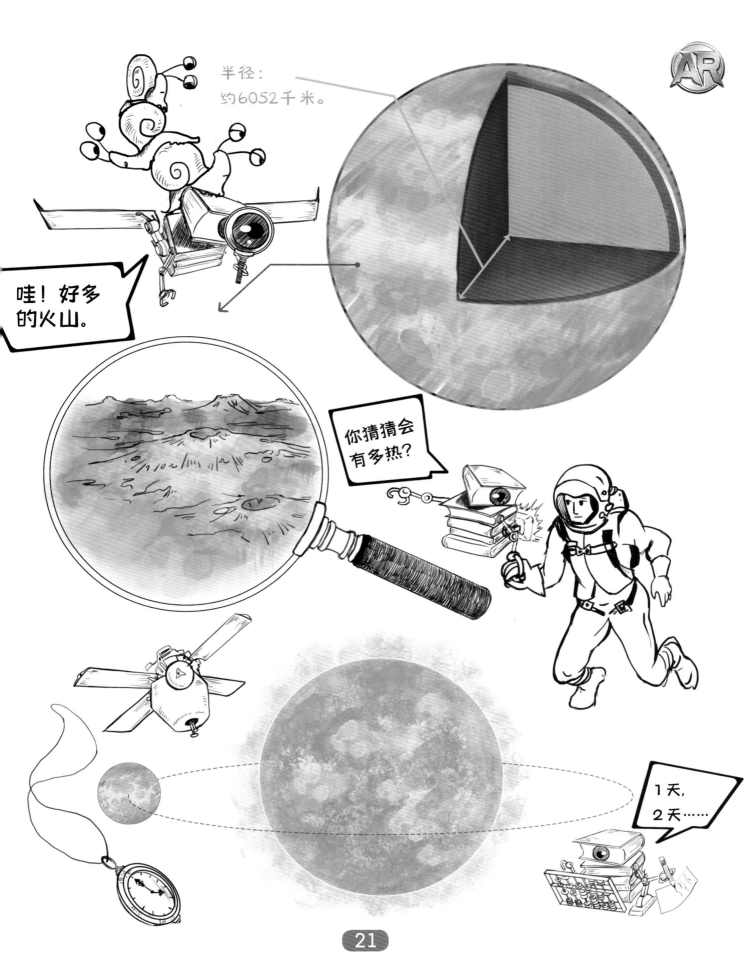

金星的颜色：橙黄色。

表面温度：极高，平均为 462℃。

大气成分：主要为二氧化碳，还有少量的氮和硫化物。

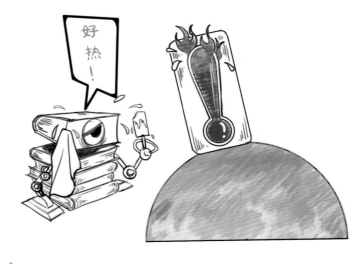

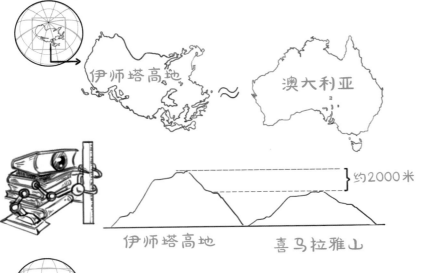

金星上的两大高地：

1. 北半球的伊师塔高地，大约有澳大利亚那么大，比喜马拉雅山高出 2000 米左右。

2. 南半球的阿芙罗狄蒂高地，面积与南美洲相当。

金星凌日：在某些特殊时刻，地球、金星和太阳会在一条直线上。这时从地球上可以看到，金星就像一个小黑点，在太阳表面缓慢移动。天文学上将此种现象称为"金星凌日"。

想看看金星凌日是什么样的吗？那就让我们拿起电子设备，扫描右侧页面，一起来看看这壮观的现象吧！

6 已知唯一存在生命的行星 —— 地球

太阳系八大行星之一，按照距离太阳由近及远的顺序，排名第三。

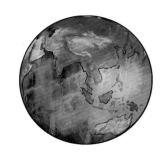

平均日距：约 14958 万千米。

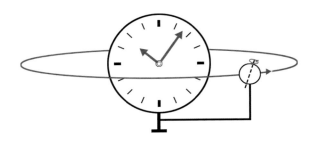

起源时间：约 46 亿年前。

公转周期：约 365 个地球日。

自转周期：约 24 小时。

自转方向：自西向东，逆时针旋转。

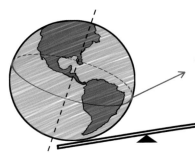

赤道周长：约 40075 千米。

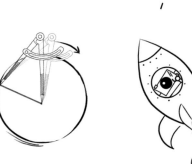

赤道半径：约 6378 千米。

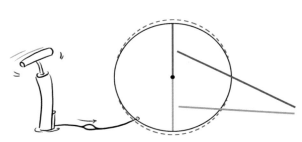

极半径：约 6356 千米。

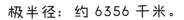

地球竟然不是正球形的，而是一个扁球体！

这些数字的概念你都明白了吗？现在让我们拿起电子设备，扫描右侧页面，更为直观地学习这组数字吧！

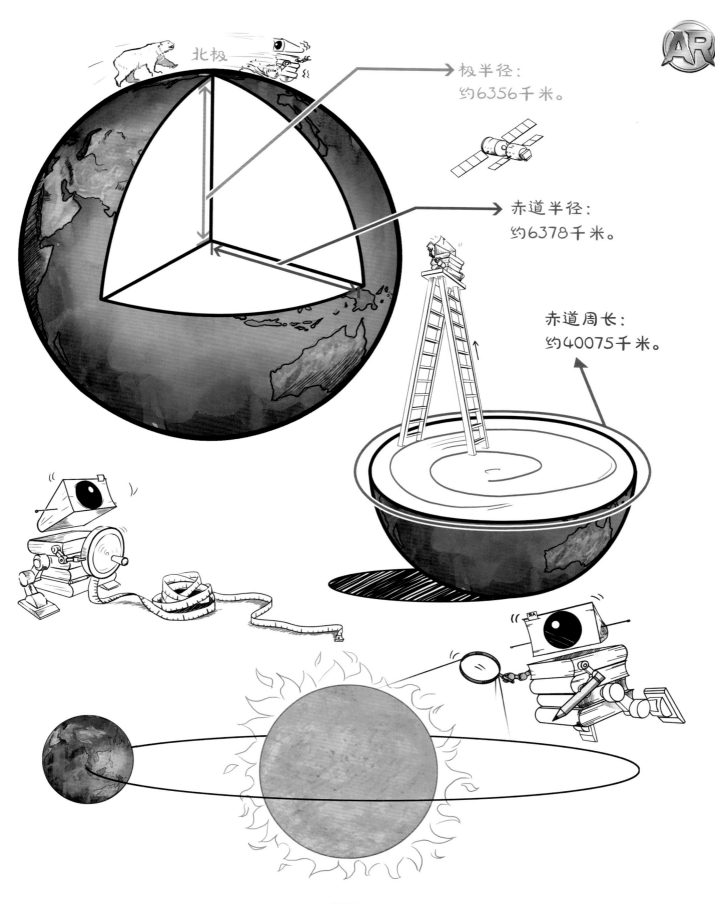

北极

极半径：
约6356千米。

赤道半径：
约6378千米。

赤道周长：
约40075千米。

地球的内部结构：

由外而内分为三个同心状圈层，分别是地壳、地幔和地核。

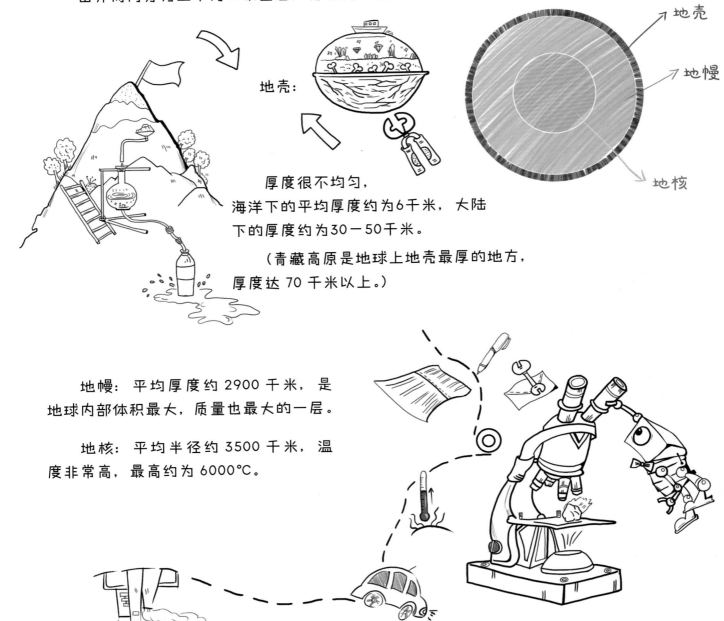

地壳：

地壳

地幔

地核

厚度很不均匀，海洋下的平均厚度约为6千米，大陆下的厚度约为30－50千米。

（青藏高原是地球上地壳最厚的地方，厚度达70千米以上。）

地幔：平均厚度约2900千米，是地球内部体积最大，质量也最大的一层。

地核：平均半径约3500千米，温度非常高，最高约为6000℃。

现在让我们拿起电子设备，扫描右侧页面，一起去探索地心吧！

地球的卫星：月球。

月球与地球之间的距离：约 38.4 万千米（大约可以放下 30 个地球）。

第一个登陆月球的人类：美国宇航员（尼尔·奥尔登·阿姆斯特朗）。

月球的半径：约 1738 千米（约为地球的 1/4）。

月食：

当月球行至地球的阴影中时，太阳光会被地球遮住。此时的太阳、地球、月球恰好或几乎在同一条直线上，因此从太阳照射到月球的光线，会被地球挡住，这种现象就叫月食。

日食：

月球运动到太阳和地球中间，如果三者正好处在一条直线上，月球就会挡住太阳射向地球的光线，月球身后的黑影正好落到地球上。这时，日食现象就产生了。

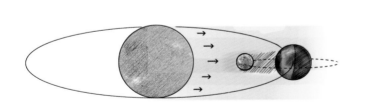

你想目睹月食和日食吗？那就拿起电子设备，扫描右侧页面，看看会发生什么吧！

月食过程

日食过程

扫描下面的图片，看看第一颗人造地球卫星的样子吧！

第一颗人造地球卫星：1957 年 10 月 4 日，苏联成功发射了世界上第一颗人造地球卫星。这颗卫星主体为球形，直径只有 58 厘米，重 83.6 千克。从此，人类进入了利用航天器探索外层空间的新时代。

扫描下面的图片，看看"旅行者 1 号"的样子吧！

飞离地球最远的人造飞行器："旅行者 1 号"探测器，于 1977 年 9 月 5 日由美国发射。目前它已进入太阳系最外层边界，处于太阳影响范围与星际介质之间。

扫描下面的图片，看看国际空间站的样子吧！

迄今为止最大的空间站：国际空间站，简称 ISS，重达 45 万千克（为 90 个常见的中型货车规定载重量之和），长 72.8 米（近 5 个篮球场的宽度之和），宽 109 米（标准足球场的长度）。该空间站由以美国、俄罗斯为首，包括加拿大、日本、巴西和欧洲空间局等在内的 16 个国家和机构参与研制。

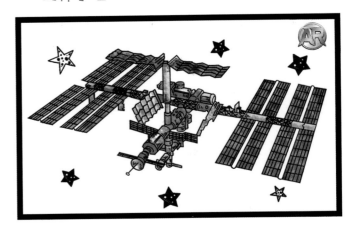

人造卫星和空间站是人类探索宇宙的"千里眼"，让我们拿起电子设备，扫描右侧页面，来亲自体验一下发射人造卫星的感受吧！

根据 App 的提示音，在倒计时结束时，将书页完全置于摄像头内，同时用手完全覆盖书上的发射按钮，即可发射火箭。

⑦ 与地球最相似的行星——火星

太阳系八大行星之一，按照距离太阳由近及远的顺序，排名第四。

平均日距：约 22790 万千米。

公转周期：约 687 个地球日。（火星的一年几乎等于地球的两年。）

自转周期：约 24.6 小时。（在八大行星中，火星与地球是最相似的行星。）

自转方向：自西向东，逆时针旋转。

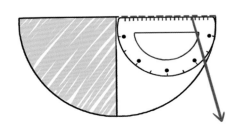

火星半径：约 3389 千米。（大小约为地球的 53%。）

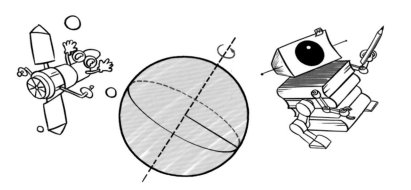

火星的卫星数量：2 个。（我们通常称它们为火卫一和火卫二。）

福布斯（火卫一）：半径约为 11 千米，约 7 小时 39 分绕火星公转一周。

戴莫斯（火卫二）：半径约 6 千米，约 30 小时 18 分绕火星公转一周。

现在让我们拿起电子设备，扫描右侧页面，来看看火星和它的卫星都长什么样吧！

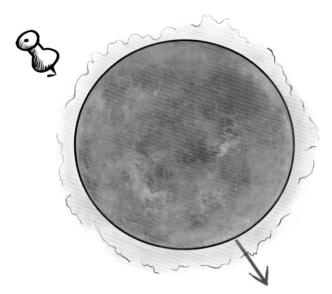

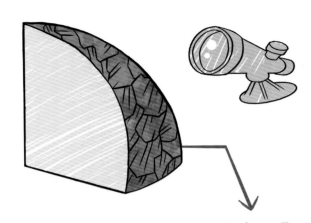

火星的颜色：橘红色，因为火星地表被赤铁矿覆盖。

火星大气：很稀薄，非常干燥，密度大约只有地球的1.6%，所以无法保温。

超大的昼夜温差：温差在100℃左右。
（人类无法直接在火星上生存。）

太阳系最大最高的火山：奥林帕斯山。
（比珠穆朗玛峰还要高将近3倍。）

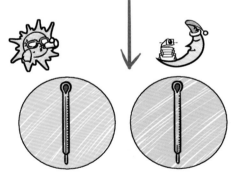

太阳系最长的峡谷：水手号峡谷。（比地球上的美国大峡谷还要长将近10倍。）

好了，现在赶紧拿起电子设备扫描右侧页面，让我们一起来找找奥林帕斯山和水手号峡谷都在哪里吧！

太阳系最大最高的火山：
奥林帕斯山。

火山要爆
发了！

太阳系最长的峡谷：
水手号峡谷。

哇！大
峡谷！

超大的昼夜温差：温差在100℃左右。

小行星：

　　太阳系内有很多类似行星的天体在环绕太阳运动，但体积和质量比行星要小得多，它们就是小行星。

小行星带：

　　太阳系中有一群规模庞大的小行星，它们聚集在一起围绕太阳运动，形成了一圈密度很高的小行星带，主要分布在火星和木星之间。

火星

木星

小行星带

　　从火星出发去往木星的路上，我的导航系统遭遇到小行星的撞击。这简直太可怕了，我迷失方向了！现在赶紧拿起电子设备扫描右侧页面，帮助我逃离小行星带吧！

⑨ 太阳系最大的行星——木星

太阳系八大行星之一，按照距离太阳由近及远的顺序，排名第五。

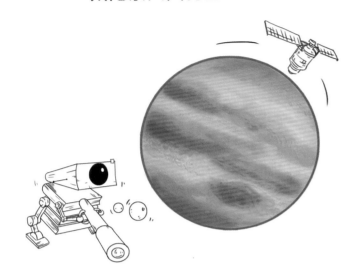

平均日距：约 77833 万千米。

公转周期：约 12 个地球年。

自转周期：约 9.9 小时。

自转方向：自西向东，逆时针旋转。

赤道半径：约 71492 千米。

木星是太阳系中体积和质量最大的行星，体积约为地球的 1321 倍，质量约为地球的 318 倍。

木星的结构：内部有一个由岩石和冰组成的内核；其上是大部分行星物质的集结地，以金属氢的形式存在；最外面则是厚密的大气层。

木星的形态：气态行星，在其表面能够看到很多条美丽的云带，以及著名的"大红斑"。

大红斑：位于木星赤道南部 23°，这是一个不断变化的反气旋旋涡，直径大约相当于 2－3 个地球直径，时速可达约 400 千米。

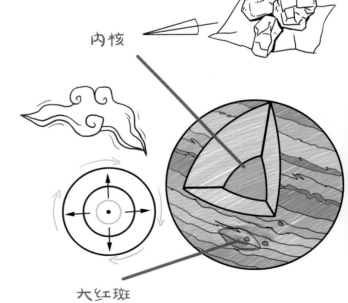

内核

大红斑

木星竟然是一个气态星球，现在就让我们拿起电子设备，扫描右侧页面，来看看木星的样子吧！

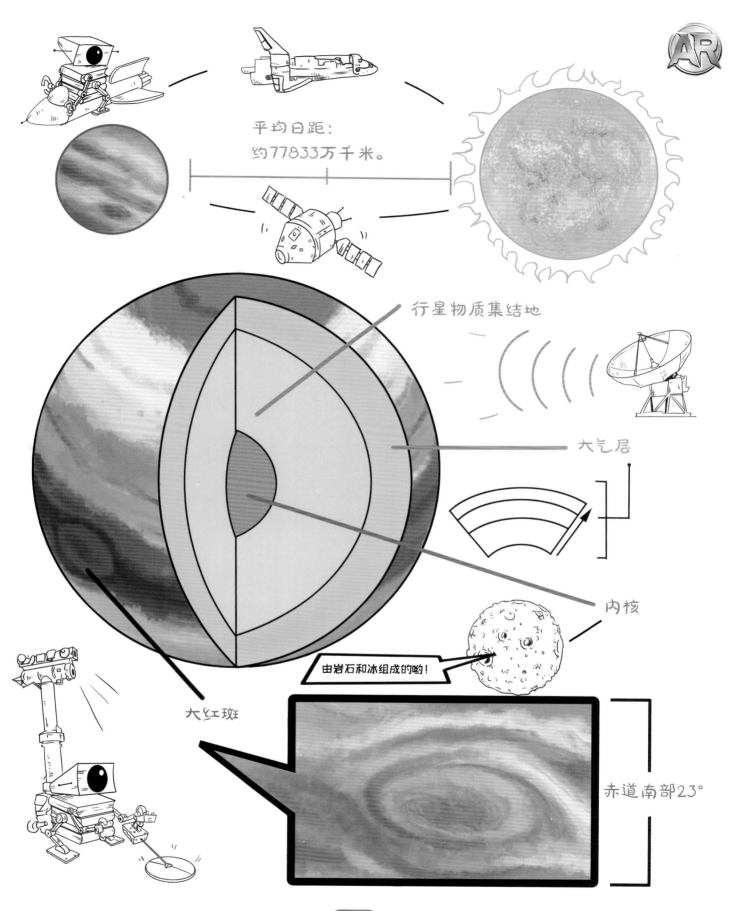

平均日距:
约77833万千米。

行星物质集结地

大气层

内核

由岩石和冰组成的哟！

大红斑

赤道南部23°

⑩ 拥有美丽光环的行星——土星

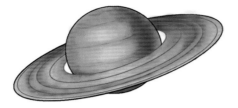

太阳系八大行星之一，按照距离太阳由近及远的顺序，排名第六。

第六。

平均日距：约 142940 万千米。

公转周期：约 29.6 个地球年。
自转周期：在赤道上约 10.6 小时。
自转方向：自西向东，逆时针旋转。
赤道半径：约 60268 千米。

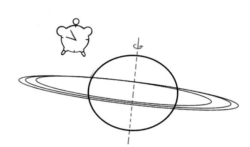

土星的形态：气态行星。

土星的结构：内核包括岩石和冰；其上大部分是行星物质的集结地，以金属氢和氦的形式存在；外围则包覆着厚密的大气层。

太阳系最美丽的星球：土星拥有美丽且令人瞩目的光环，它们由冰微粒、岩石块、尘埃和等离子等组成。

接下来，让我们拿起电子设备扫描右侧页面，来看看太阳系中这顶最美丽的"大草帽"吧！

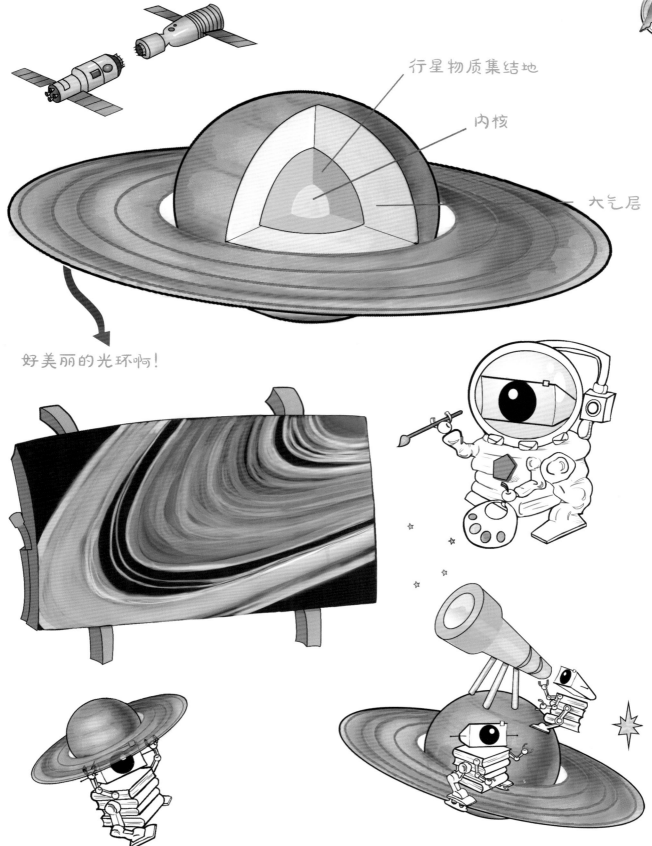

行星物质集结地

内核

大气层

好美丽的光环啊！

⑪ 躺着自转的行星——天王星

太阳系八大行星之一，按照距离太阳由近及远的顺序，排名第七。

平均日距：约 287100 万千米。

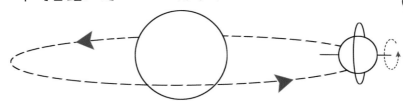

公转周期：约 83.7 个地球年。

自转周期：约 17.2 小时。

自转方向：自东向西，顺时针旋转。

八大行星中，只有天王星是躺着自转的！

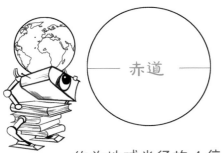

赤道

赤道半径：
约 25560 千米。

极半径：
约 24973 千米。

约为地球半径的 4 倍。

天王星与海王星被称为冰巨星，其结构主要分为中心核、冰幔和大气层三个部分。

接下来让我们拿起电子设备扫描右侧页面，来近距离地观察一下天王星吧！

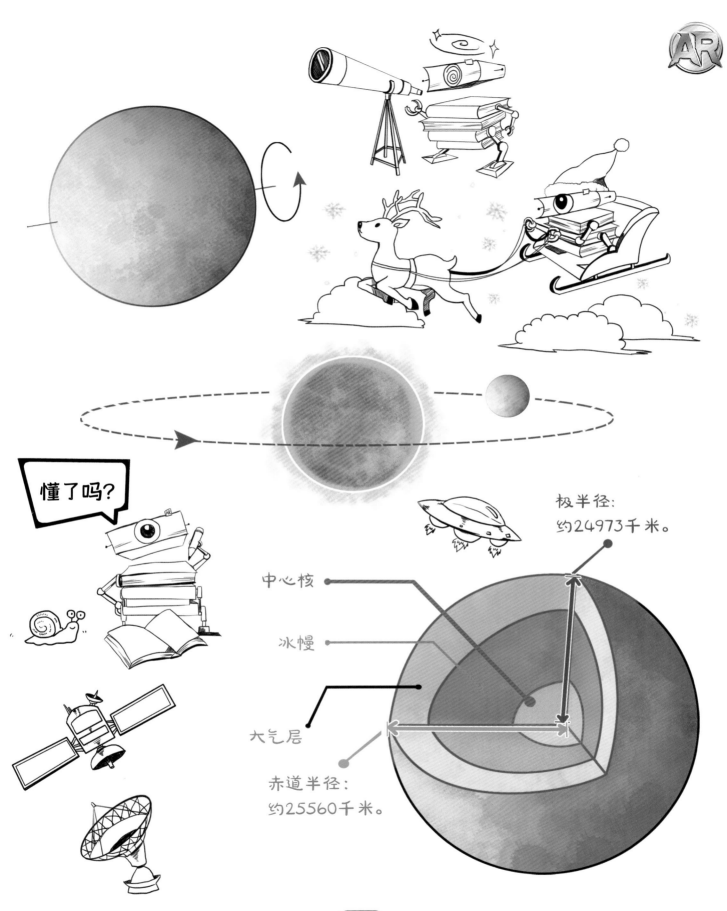

懂了吗?

极半径:
约24973千米。

中心核

冰幔

大气层

赤道半径:
约25560千米。

⑫ 太阳系最外侧的行星——海王星

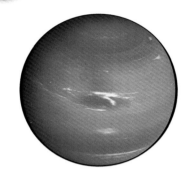

太阳系八大行星之一，按照距离太阳由近及远的顺序，排名第八。

平均日距：约 450430 万千米。（相当于日地距离的 30 倍。）

公转周期：约 165 个地球年。（海王星上的一年相当于地球上的 165 年。）

自转周期：约 16 小时。

赤道半径：约 24764 千米。（能够容纳将近 60 个地球。）

冰巨星：海王星的内部也有相当庞大的冰层。

海王星的卫星：海王星也有很多卫星，崔顿（海卫一）最为出名。

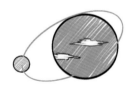

崔顿：海王星最大的一颗卫星，个头儿比月亮稍小，也是太阳系中最冷的天体之一，并且是太阳系内少数有火山活动的天体之一。

现在让我们拿起电子设备扫描右侧页面，一起来看看海王星的样子吧！

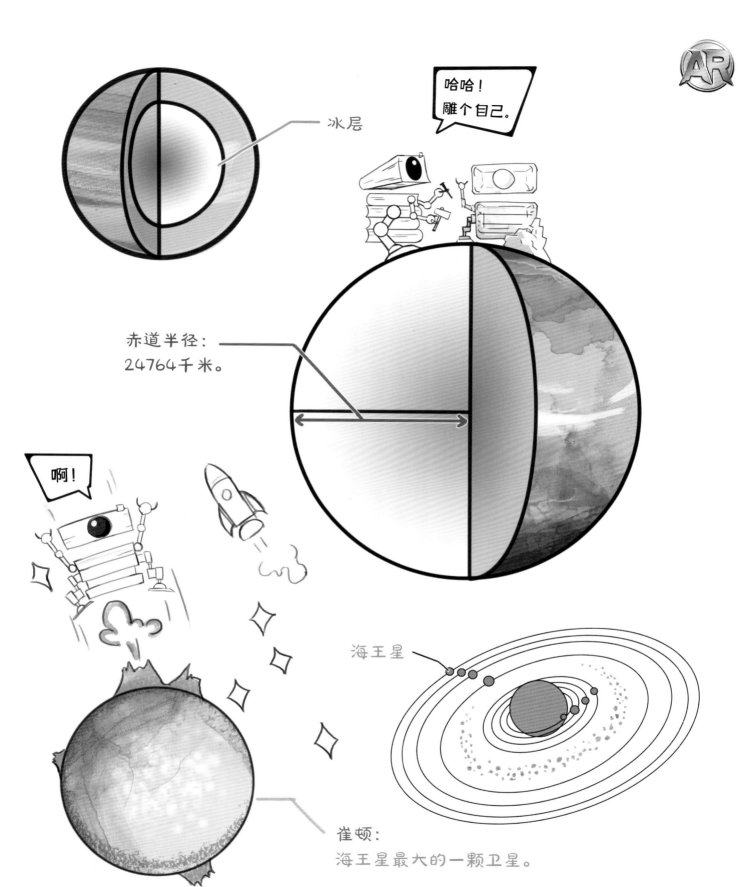

冰层

哈哈！
雕个自己。

赤道半径：
24764千米。

啊！

海王星

崔顿：
海王星最大的一颗卫星。

13 探索专家，满载而归

　　探索专家艾布克安全返航。此次旅程，我们按照计划由内而外依次探索了太阳和八大行星，你还记得它们的特点吗？下面是艾布克画的表格，也许可以帮助你回忆哟！

天体	半径 (赤道处)	公转周期	自转周期 (赤道处)	平均日距	有无光环
太阳	约 69.6 万千米	约 2.5 亿个地球年	约 25.6 个地球日	无	无
水星	约 2440 千米	约 88 个地球日	约 58 个地球日	约 5790 万千米	无
金星	约 6052 千米	约 225 个地球日	约 243 个地球日	约 10820 万千米	无
地球	约 6378 千米	约 365 个地球日	约 24 小时	约 14958 万千米	无
火星	约 3389 千米	约 687 个地球日	约 24.6 小时	约 22790 万千米	无
木星	约 71492 千米	约 12 个地球年	约 9.9 小时	约 77833 万千米	有
土星	约 60268 千米	约 29.6 个地球年	约 10.6 小时	约 142940 万千米	有
天王星	约 25560 千米	约 83.7 个地球年	约 17.2 小时	约 287100 万千米	有
海王星	约 24764 千米	约 165 个地球年	约 16 小时	约 450430 万千米	有

　　你可以拿起电子设备扫描此页面，立体地回顾太阳系的知识。